...BALD

I0486199

FUER MEINEN EHEMANN

ALLE RECHTE AN DIESEM
BUCH SIND DER AUTORIN
VORBEHALTEN.

BILDER / COVER /
AUTORIN

TANJA FEILER

WANN?

ZWEI SONGS HABEN SIE BEREITS FUER IHR NEUES ALBUM GESCHRIEBEN UND ALIEN HAT DEN BEAT GEMACHT. ES IST DAS DRITTE ALBUM, DIE CUTE PETS ZERBRECHEN SICH DEN KOPF, ÜBER DEN NAMEN DES ALBUMS. DAS ERSTE WAR DAS ERSTE,

IHRE ERSTE CD, UND DANN KAM DAS ZWEITE, EINFACH NEW ALBUM. DOCH DAS DRITTE MUSS EINEN NAMEN HABEN. AMBER LAECHELT UND IHR IST EIN GUTER TITEL EINGEFALLEN. „JETZT NICHT". X MUSS LACHEN, DIE GIRLS SIND AUS DEM HÄUSCHEN. MICHELLE HAT GESTERN EINEN

GEDICHTEBAND VERÖFFENTLICHT IN ENGLISCHER SPRACHE. DA DIE CUTE PETS BEREITS TOUR IN DEN USA HATTEN, SIND DIE KUSCHELTIERE AUF DIE IDEE GEKOMMEN, HALB ENGLISCH, HALB DEUTSCH, DAS BETRIFFT ALLE BEREICHE DES SCHAFFENS, DIE KUNST, DIE BÜCHER, DIE

MODECOLLECTIONEN UND AMBER, DEREN FREUNDLICHES WESEN DIE WG ERHELLT, HAT SICH INERHALB EINER WOCHE EINGELEBT. BESONDERS DIE GESPRÄCHSRUNDEN SAMSTAGS MIT CHAT UM 15 UHR FÜR EINE STUNDE FINDET SIE AUS THERAPEUTISCHER, PSYCHOLOGISCHER SICHT

SUPER. AMBER KANN SICH VON DEM SCHWARZEN NETZANZUG GAR NICHT MEHR TRENNEN, SO GUT GEFÄLLT IHR DIE COLLECTION, DIE ANGELA, ANGELINA UND MICHELLE FÜE MÄDCHEN ENTWORFEN HABEN. FASHION FOR GIRLS. NORMAL HAT AMBER EINEN

HOCHGESCHLOSSENEN OVERALL, DER IHR MARKENZEICHEN WURDE. DIE AKROBATIN MUSSTE STÄNDIG MIT DEN VORURTEILEN LEBEN, EIN ZIRKUSLEBEN GEFÜHRT ZU HABEN, DOCH DAS STIMMT NICHT. KITTY WEISS AUCH, WIE SCHWER ES DIE KLEINE MAUS MIT DEM REIFEN, MIT DEM SIE

STÄNDIG TRAINIERT GEHABT HAT. SIE HAT BEREITS IN IHRER KINDHEIT IHRE LEIDENSCHAFT FÜRS TURNEN ENTDECKT UND SICH SELBSTSTÄNDIG AKROBATISCHE ÜBUNGEN BEIGEBRACHT, SEILE IM WALD GESPANNT. KITTY WAR OFT DABEI, SIE HAT FÜR DIE SICHERHEIT

GESORGT. BEREITS IN DER SCHULZEIT WAR AMBER KLAR, DASS IHRE BERUFLICHE WAHL SO AUSFALLEN WIRD, MENSCHEN ZU HELFEN. DOCH WIE LÄSST SICH DAS MIT IHRER LEIDENSCHAFT FÜR AKROBATIK IN EINKLANG BRINGEN? SIE HAT IRGENDWANN ERFAHREN, DASS EINE

BERÜHMTE SÄNGERIN AUS ÜBERSEE, DIE AUCH EINEN KITTYSONG GESCHRIEBEN HAT, EINE EIGENE STIFTUNG HAT – FÜR MENSCHEN IN NOT. SIE HAT DURCH DAS INTERNET ERFAHREN WIE SEHR HERR UND FRAU FEILER, DIE FAMILIE VON KITTY FÜR EIN SOZIALES PROJEKT KÄMPFEN-KITTY

HAT OFT DAVON GESPROCHEN, DOCH LEIDER WOHNTE AMBER ZU WEIT WEG. AMBER IST WIE ALLE IN DER CUTE PETS WG IHR EIGENER CHEF, SO IST SIE BEI VERANSTALTUNGEN AUFGETRETEN UND WURDE AUCH BEZAHLT. IHR KÖNNEN UND IHRE UNGEWÖHNLICHE SHOW,

ALLEINE, DOCH STETS GESICHERT, IN EINEM KLASSISCHEN OVERALL MIT FLIEGE HABEN SICH HERUMGESPROCHEN, SO DASS SIE VIELE VERANSTALTUNGEN ALS STAR MITGESTALTET, DIE PRESSE BERICHTETE ÜBER SIE, ABER SIE HAT MENSCHEN IN NOT GEHOLFEN, WIE SAMMY,

GOOD PET UND HAESCHEN IMMER MIT EINER KLEINEN TURNEINLAGE. DIE FAMILIE FEILER KENNT AMBER, ÜBER DAS INTERNET HALTEN SIE KONTAKT. JEDENFALLS INSPIRIERTE AMBER DIE SÄNGERIN AUS ÜBERSEE, DIE EINE EIGENE STIFTUNG HAT, AUCH EINE STIFTUNG INS LEBEN ZU RUFEN

NACH AMERIKANISCHEM VORBILD. GENAU WIE DIE STIFTUNG DER KITTYSÄNGERIN IST DAS KLIENTEL VIELSCHICHTIG. DIE STIFTUNG RICHTET SICH AN MENSCHEN, DEREN SEELE LEIDET. DIE STIFTUNG IST KEIN KRANKENHAUS, VIELMEHR EIN ORT DER SICHERHEIT, MIT THERAPEUTISCHEM

PERSONAL, INSPIRIERT DURCH FAMILIE FEILER GIBT ES EIN CAFE, EINE BEGEGNUNGSTSTÄTTE, COMPUTERKURSE UND VIELE INFORMATIONEN. DIE STIFTUNG SOLL KEIN OBDACHLOSENASYL DARSTELLEN, KEIN KRANKENHAUS UND AUCH KEINE PSYCHIATRIE. WAS IST SIE DANN? EIN ORT

DER INFORMATION FÜR JEDEN MIT DER MÖGLICHKEIT, AKTIVITÄTEN MIT GESCHULTEM PERSONAL ZU UNTERNEHMEN, UND DIE LAPTOPS DAS WORLD WIDE WEB ZEIGEN. DIE CUTE PETS SIND ALLE FORSCHER, HABEN IHRE ERGEBNISSE VERÖFFENTLICHT UND

KINDER DARAUF AUFMERKSAM GEMACHT, DASS DAS WISSEN GESAMMELT IM INTERNET ZU FINDEN IST. DOCH ES GEHT UM NEUES WIE FAMILIE FEILERS BUCH ÜBER ANDROIDEN FÜR DAS LEBEN — DAS HEISST, ANDROIDEN WÄREN DIE SOLDATEN, DIE IN KRISENGEBIETEN FÜR

RUHE SORGEN WÜRDEN.
IM SINNE VON MIT
BEWAFFNETEN
FUNDAMENTALISTEN
SPRECHEN, ENDLICH ALLE
MENSCHEN
AUFZUKLÄREN, DASS ES
NICHT NÖTIG IST, KRIEGE
MIT MENSCHEN ZU
FÜHREN. ANDROIDEN, DIE
BEREITS FÜR EINE GROSSE
SUCHMASCHINE ARBEITEN

UND IN DER WIRTSCHAFT EINGESETZT WERDEN, SO ENTWICKELT WERDEN, DASS SIE NICHT VIEL MEHR ALS DOSENÖFFNER SIND. EIN ANDROIDE WIRD BEREITS ALS LÜGENDETEKTOR EINGESETZT ODER ZWEI ROBOTER SPIELEN FUSSBALL. DABEI IST ES SO EINFACH. DIE

MASCHINE MÜSSTE NUR ÜBER DREI FÄHIGKEITEN VERFÜGEN: STABILITÄT – SELBSTMORDATTENTÄTER SPRENGEN, DOCH DER ANDROID BLEIBT UNBESCHÄDIGT. VERBINDUNG ÜBER DAS INTERNET GARANTIERT DAS WISSEN DES ANDROIDEN. ENTSCHEIDUNGEN ZU

TREFFEN WERDEN AUF DIE BASICS PROGRAMMIERT MIT DER OPTION STÄNDIG DAZUZULERNEN UND SICH ZU ENTWICKELN. MENSCHEN HABEN ANGST, ROBOTER WÜRDEN SIE ERSETZEN, DABEI WERDEN AUCH DIE ANDROIDEN GEBAUT VON MENSCHEN. DANN GIBT ES MENSCHEN, DIE ES NICHT

ETHISCH GUT FINDEN, DASS ANDROIDEN WAFFEN HABEN. DIE WAFFEN KOMMEN NICHT ZUM EINSATZ, SIE DIENEN PSYCHOLOGISCHER KONDITIONIERUNG. AMBER HAT SOVIEL ERZÄHLT, DASS ALLE SEHR BEEINDRUCKT SIND. DIE STIFTUNG WIRD VON ÜBERSEE FINANZIELL

UNTERSTÜTZT. DOCH AUCH AMBER IST IN DIE LAGE GEKOMMEN, DASS SELBSTÄNDIGKEIT TEUER IST. DOCH KITTY HAT GENAU RICHTIG ANGERUFEN UND DIE SONGS SIND VON AMBER...

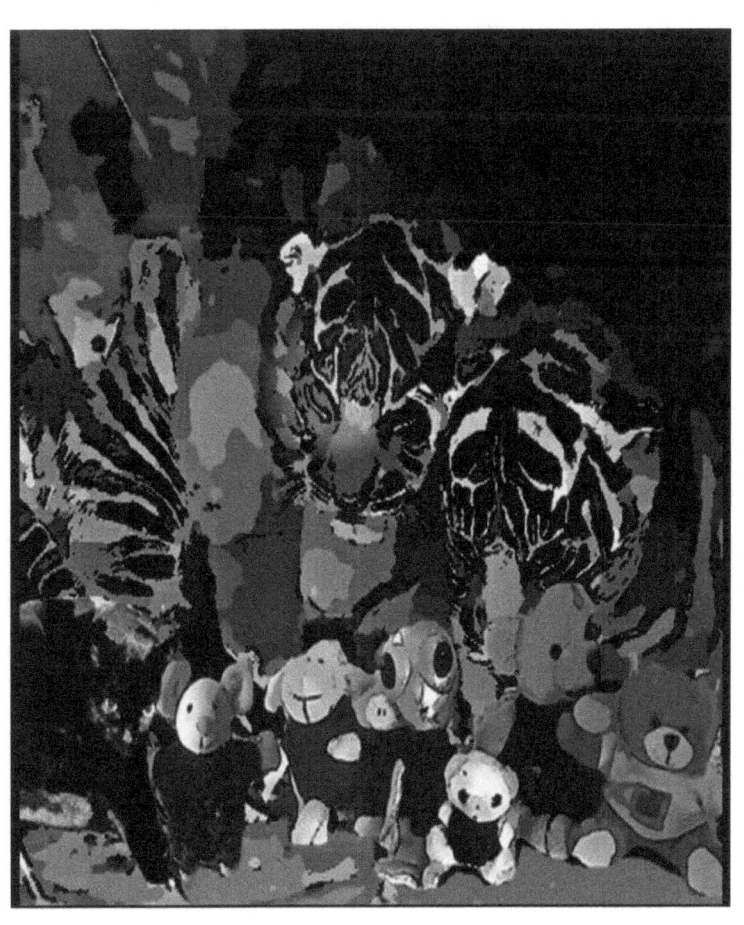

BESONDERS DANKE
ICH MEINEM MANN

www.ingramcontent.com/pod-product-compliance
Lightning Source LLC
Chambersburg PA
CBHW070755180526
45168CB00004B/1621